假如你是
一只动物

花园领地争夺战

[德] 芭贝尔·奥弗特林　著
[德] 亚历山德拉·赫尔姆　绘
过佳逸　译

·桂林·

HUAYUAN LINGDI ZHENGDUO ZHAN

出版统筹：汤文辉
质量总监：李茂军
选题策划：郭晓晨
张立飞
责任编辑：霍　芳
助理编辑：屈荔婷
美术编辑：唐秋萍
刘冬敏
版权联络：郭晓晨
张立飞
营销编辑：宋婷婷
责任技编：郭　鹏

著作权合同登记号桂图登字：20-2021-315 号

图书在版编目（CIP）数据

花园领地争夺战 /（德）芭贝尔·奥弗特林著；（德）亚历山德拉·赫尔姆绘；过佳逸译. —桂林：广西师范大学出版社，2022.6
（假如你是一只动物）
ISBN 978-7-5598-4612-9

Ⅰ. ①花… Ⅱ. ①芭… ②亚… ③过… Ⅲ. ①动物－少儿读物 Ⅳ. ①Q95-49

中国版本图书馆 CIP 数据核字（2022）第 007345 号

广西师范大学出版社出版发行
（广西桂林市五里店路 9 号　邮政编码：541004
网址：http://www.bbtpress.com）
出版人：黄轩庄
全国新华书店经销
北京博海升彩色印刷有限公司印刷
（北京市通州区中关村科技园通州园金桥科技产业基地环宇路 6 号　邮政编码：100076）
开本：889 mm × 1 194 mm　1/16
印张：3.75　　字数：60 千字
2022 年 6 月第 1 版　　2022 年 6 月第 1 次印刷
定价：30.00 元

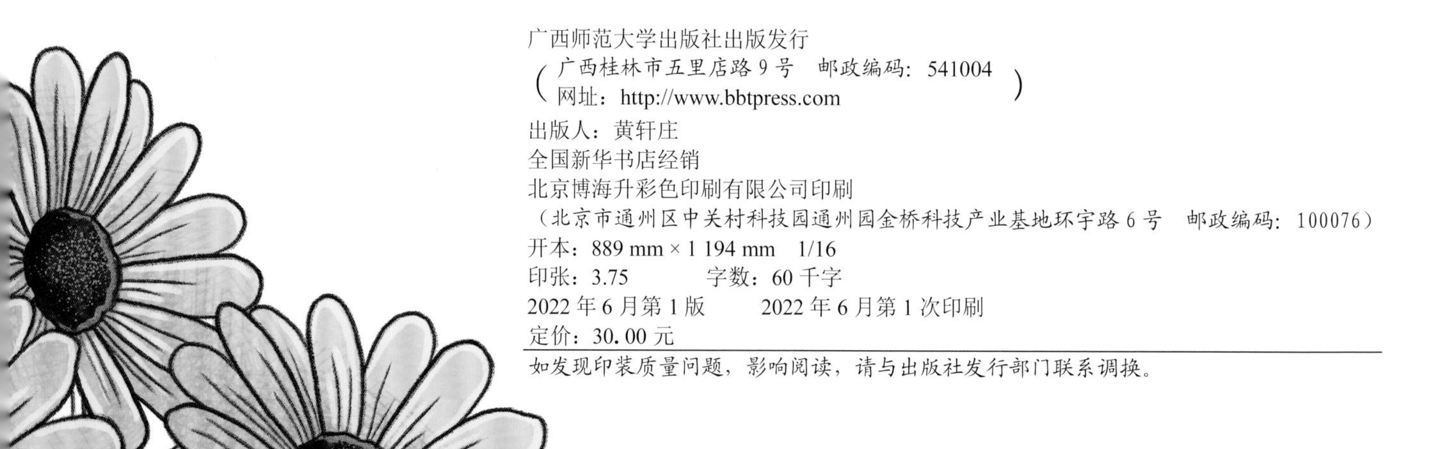

亲爱的小朋友，你一定在某些时刻幻想过自己是一只小动物吧？或许你曾跟你的小伙伴们一起在客厅里玩“小猫咪过家家”的游戏。或许你也曾有过疑问：小鼹鼠是怎么在地下深处生活的呢？蜜蜂是如何住在蜂箱中的呢？小刺猬每天都吃些什么呢？

这本书里记录了二十几种大小不同的动物，它们生活在花园里。在每篇小短文里，你都可以想象自己就是那只小动物，置身于美丽的花园中。通过这些有趣的角色扮演，你一定会发现一些让你惊喜的事情。

你还可以动动你的小脑瓜儿，做一些有趣的玩意儿。比如，用纸做个马蜂巢，用纸板和颜料做一张可爱的动物小面具，用枕头和毯子做一间圆形的刺猬屋……我相信，聪明的你一定可以想到更多小东西。

接下来就开始我们的扮演之旅吧！打起精神来！作为小动物在花园里生活的经历肯定妙不可言！

目录

一只家猫 6

一只刺猬 8

一只鼹鼠 12

一只睡鼠 16

一只蝙蝠 18

一只喜鹊 22

一只乌鸫 24

一只蓝山雀 26

一只壁虎 28

一只蜜蜂 31

一只野蜂 34

一只胡蜂 36

一只孔雀蛱蝶 41

一只七星瓢虫 44

一只蚜虫 46

一条蚯蚓 48

一条蛞蝓 50

一只十字园蛛 54

一只春日花园里的鸟儿 58

假如你是一只家猫

呼噜呼噜……你睡了好久的午觉。一觉醒来，你伸伸懒腰，准备去运动一下。主人的花园、邻居家的花园都是你的活动天地，在这里巡逻最合适不过了！这里有许多能让你潜伏的好地方。为什么要潜伏呢？因为你身体里还跳动着一颗捕猎者的心，对于捕猎行动你可是兴致盎然。唉，倒霉的是你戴着一个挂着铃铛的橡胶项圈，它限制了你的发挥，你只能蹑手蹑脚地靠近笨拙的雏鸟。那些不小心踏进这里的鼩鼱或者蜥蜴对你来说几乎就是不可能得到的“猎物”。真烦人！

你巡逻的第一站是饮水处。你悄悄地穿过灌木丛，在大片玫瑰花的掩护下躲进了草丛深处，这儿是你最喜欢的地方！在这儿你拥有绝佳的视野，你聚精会神地观察着这里的风吹草动——一只乌鸫飞到水槽喝水。你内心捕猎的欲望越发高涨，脖子上的铃铛却不给你这个机会：叮叮当当——鸟儿飞走了！

原来你是这样的！

体长：大约50厘米。

体重：小型有2千克，大型可达10千克，一般是4千克左右。

寿命：10~15年，最长可达20年。

特点：动作灵敏；长长的尾巴，圆圆的脑袋，耳朵呈三角形，小爪子伸缩自如。

繁殖：一般怀孕2个月左右会产下3~4只小猫咪。刚出生的小猫咪体重约100克，全身湿漉漉的，什么也看不见。

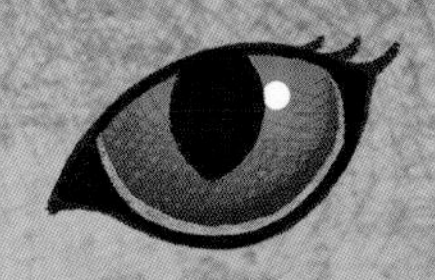

你是这样感知世界的

听觉：你可以通过转动耳朵来捕捉细微的声音并定位。

嗅觉：你身上有两个嗅觉器官。一个是鼻子，你的嗅觉比人类的嗅觉灵敏十倍；另一个是位于上腭的雅各布森器官。如果你张开嘴，皱起鼻子，你能闻到更多气味。人们把这种行为叫作裂唇嗅。

味觉：你的味觉比较迟钝，基本可以品尝出酸、苦、咸的味道。

触觉：借助胡须，你可以感受到最细微的触碰和气流。

视觉：你的视野比人类的更宽广。你对光线很敏感。借助照膜（位于视网膜后面的一层薄膜。光线经过视网膜后，会被照膜反射回去），你的夜视能力很好。

你是这样表达的

喵喵：我好喜欢你呀，给我点儿好吃的吧！

呼噜呼噜：我不会伤害你的，我觉得很舒服（有时候也表示：我很疼）。

咕噜咕噜（低沉的声音）：我要打你啦！我好害怕。

呜呜呜（夜晚嚎叫）：快走开，“猫咪大王”来咯！

假如你是一只刺猬

呼哧呼哧——哼哼唧唧——你一边打着喷嚏，一边快速走过黑黢黢的花园。你一次又一次地停下脚步，抬起头来，闻闻这儿又闻闻那儿，同时仔细倾听周围的动静。真安静呀！

昨天晚上你在邻居家菜园的白菜叶子上发现了很多菜粉蝶幼虫，这就是吸引你大晚上去那里的原因——也许那里还有毛虫呢！虽然你看不太清楚，但你知道你家的位置，也知道你可以通过栅栏上的小洞离开这个花园。

你跑过刚修剪的草坪，前往菜园。在路上，你捉住了几条蚯蚓。一只甲虫不小心跑到了你的嘴边。几只鼠妇则被你丢在了路边，当你还是没有什么捕食经验的小刺猬时，它们可是你的美味佳肴。不过现在的你可瞧不上它们，还是把这些慢吞吞的甲壳类动物留给别的捕食者吧！

你终于到了白菜地，但这里已经没有毛虫了。太可惜了！

你只能向菜园隔壁的露台前进，那儿肯定还有装满猫粮的饲料碗！快走吧！

原来你是这样的！
体长：20~30厘米。
体重：500~1500克。
寿命：大约7年。
特点：有尖尖的头、小小的耳朵、短短的腿和锋利的牙齿；成年刺猬身上有7000~8000根硬刺。
繁殖：孕期约为35天，种类不同，则每胎产3~6只幼崽不等。

你的年度计划

3月下旬~4月中旬：从漫长的冬眠中苏醒，开始觅食。

4月~5月：开吃吧！

6月~9月：家庭时间——宝宝们在新窝中出生，很快就能探索周围的环境。

10月：在冬天来临之前，赶紧多吃东西长点儿膘，造一个温暖的小窝。小刺猬也可以独立完成这些任务，因为它在6~8个星期大的时候就离开刺猬妈妈独立生活了。

11月~次年3月：睡吧！明年春天见！

你的超能力

你可以在瞬间蜷成一个带有尖刺的球，来保护你的腹部和头部。虽然这一“超能力”无法对汽车和割草机起作用，但在逃出小狗和其他动物的手心方面，还是很有用的。

你的朋友

你并没有什么朋友，因为你更喜欢独自旅行和生活!

你的住址

一般来说，你会住在灌木丛、树篱、草垛或者谷仓之类隐蔽的地方。

你有好几个不同的小窝，有的是用小树枝、草，还有树叶做成的；有的是用纸和塑料垃圾做成的。从春天到秋天，你都住在这几个小窝里。

如果生了小刺猬，你就需要搭建一个温暖舒适的窝，用树叶垫在窝里准没错！而到了冬天，你就会找个避风的地方，用厚厚的树叶筑起一个窝。

你的食物

甲壳虫、毛毛虫和蚯蚓是你最喜欢的食物。当然啦，你还喜欢吃蠼螋和甲壳虫的幼虫。如果没有以上这些小虫的话，你也会吃蜗牛、苍蝇、蜈蚣、千足虫、鼠妇、蚂蚁、蜜蜂、马蜂和蜘蛛等。你并不是个素食者。

刺猬宝宝

刺猬宝宝出生时，皮肤是粉红色的，有柔软的绒毛，眼睛都是闭着的。

大约3周后，刺猬宝宝们就开启生命中第一次“探索之旅”了！探索的是小窝周围的环境。

来到这个世界后的第4周，它们开始跟着刺猬妈妈学习什么东西能吃、什么食物是营养最高的，以及如何捕食。

出生后约2个月，刺猬宝宝们就可以独立生活啦！

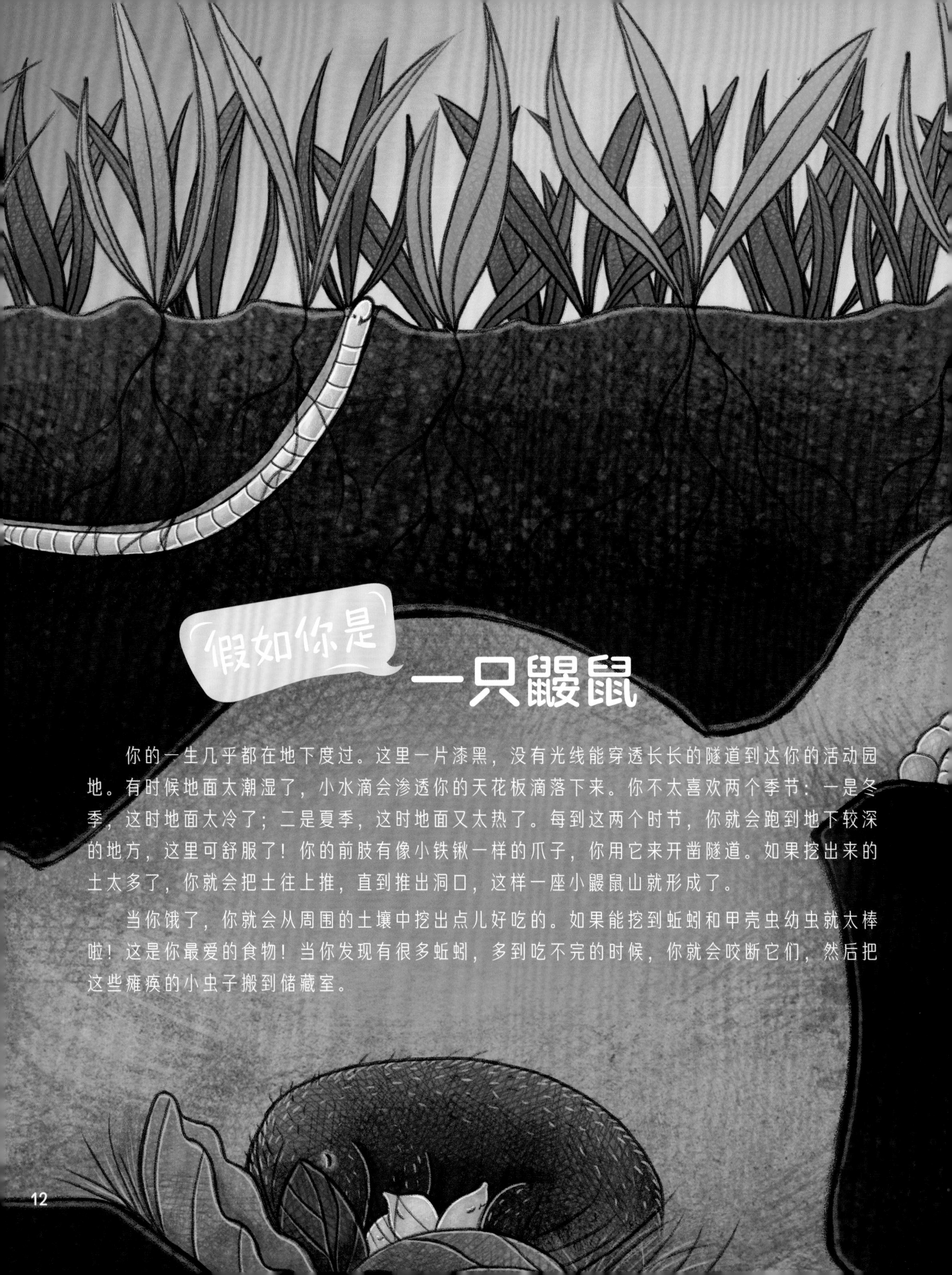

假如你是 一只鼹鼠

你的一生几乎都在地下度过。这里一片漆黑，没有光线能穿透长长的隧道到达你的活动园地。有时候地面太潮湿了，小水滴会渗透你的天花板滴落下来。你不太喜欢两个季节：一是冬季，这时地面太冷了；二是夏季，这时地面又太热了。每到这两个时节，你就会跑到地下较深的地方，这里可舒服了！你的前肢有像小铁锹一样的爪子，你用它来开凿隧道。如果挖出来的土太多了，你就会把土往上推，直到推出洞口，这样一座小鼹鼠山就形成了。

当你饿了，你就会从周围的土壤中挖出点儿好吃的。如果能挖到蚯蚓和甲壳虫幼虫就太棒啦！这是你最爱的食物！当你发现有很多蚯蚓，多到吃不完的时候，你就会咬断它们，然后把这些瘫痪的小虫子搬到储藏室。

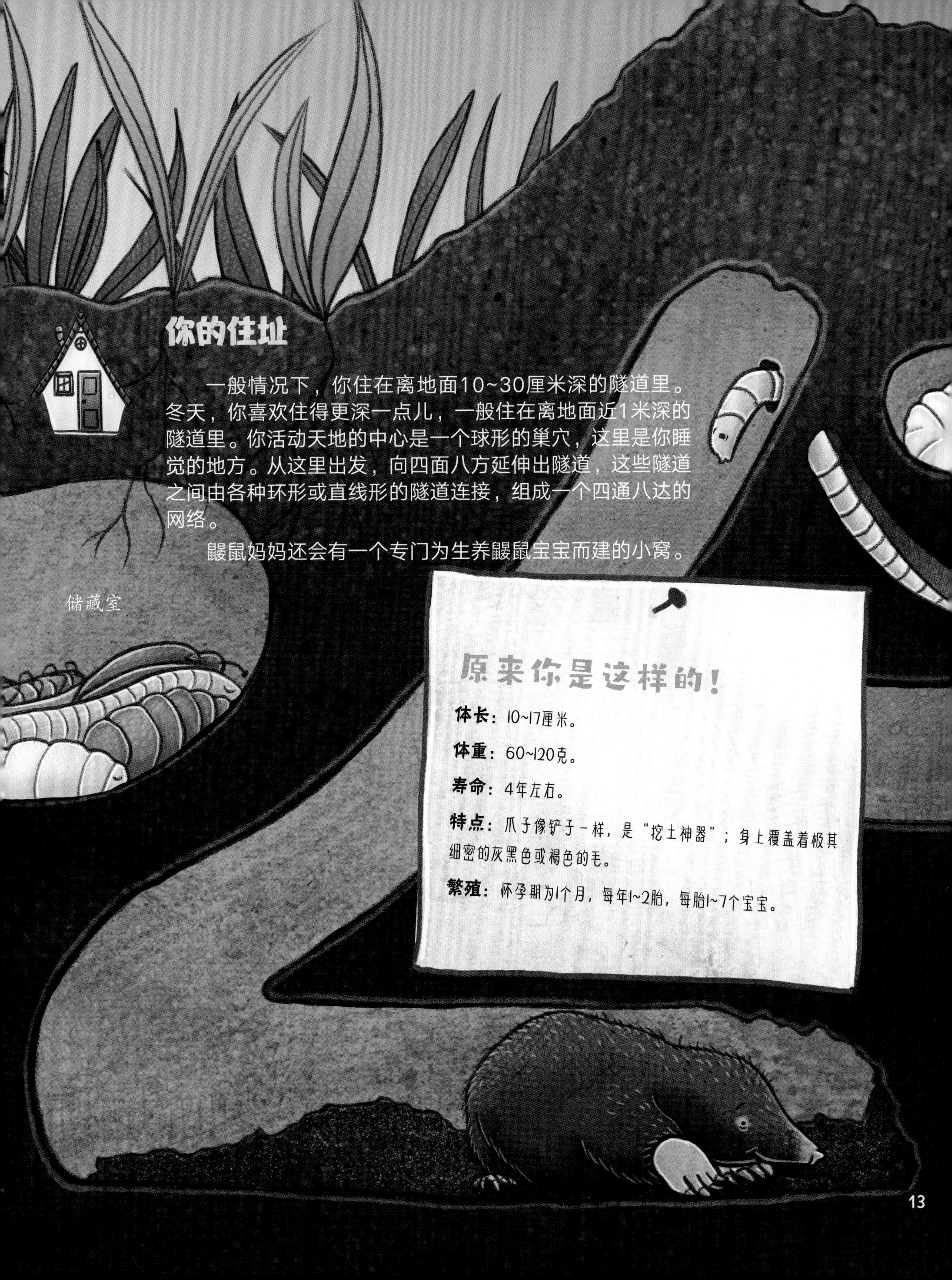

你的住址

一般情况下，你住在离地面10~30厘米深的隧道里。冬天，你喜欢住得更深一点儿，一般住在离地面近1米深的隧道里。你活动天地的中心是一个球形的巢穴，这里是你睡觉的地方。从这里出发，向四面八方延伸出隧道，这些隧道之间由各种环形或直线形的隧道连接，组成一个四通八达的网络。

鼹鼠妈妈还会有一个专门为生养鼹鼠宝宝而建的小窝。

原来你是这样的！

体长：10~17厘米。

体重：60~120克。

寿命：4年左右。

特点：爪子像铲子一样，是“挖土神器”；身上覆盖着极其细密的灰黑色或褐色的毛。

繁殖：怀孕期为1个月，每年1~2胎，每胎1~7个宝宝。

你的生物钟（四季通用！）

上午： 活动4~5小时

中午： 休息3~4小时

下午： 活动4~5小时

晚上： 休息3~4小时

午夜： 活动4~5小时

清晨： 休息3~4小时

你很能吃

一只鼹鼠每天要吃大约100克食物，跟它的体重不相上下！

你在地下的速度

在建设自己的家园时，你可以在1小时内挖出一条7米长的隧道。而且你的奔跑速度也是很快的，按照你的最高速度，你甚至可以在隧道里1小时奔跑4千米！

你的朋友

你可不想你的地下隧道里有其他鼹鼠！每一只鼹鼠都是独自生活的。如果有鼹鼠闯进你的家园还不赶紧溜走的话，你会无情地攻击它！

不过也有例外的时候：每年3月~5月是繁殖的时节，这时雄性鼹鼠可以进入雌性鼹鼠挖的隧道里。

你的超能力

你的毛发并没有特定的生长方向，人们既可以从前往后地抚摸你，也可以从后往前地抚摸你。正因为如此，在隧道里，你可以自如地倒着走。

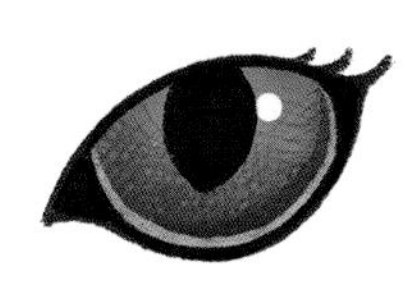

你是这样感知世界的

触觉：你的触觉极其敏锐。

听觉：你可以听得很清楚，尤其是象征危险的声音。

视觉：你只能感受光线的强弱，毕竟在地下生活的你并不需要多好的视力。

嗅觉和味觉：你的嗅觉和味觉都相当不错，但在你的小天地里，这些都不太重要。

假如你是一只睡鼠

呼噜呼噜——你可喜欢睡觉了！你一生中的大部分时间都在睡觉——每年你至少会冬眠7个月，而剩下的5个月里，你每天至少要睡8个小时。尤其在夏天，太阳落山你才会醒来；而太阳还没升起，你就回去睡觉了。

入秋后你就会感觉到白天越来越短，天气越来越冷，小果子、花骨朵儿、昆虫之类的食物也越来越少了。你会在树墩下、树根下，或者在废弃的老鼠洞里寻找适合你的栖息之地。你会深挖一个藏身之处，这样即使是在冬天，也不会感觉到刺骨的严寒。你像蜷伏在一条温暖的毯子里一样依偎在长长的、蓬松的尾巴里。你的呼吸和心跳会逐渐减慢，体温也会慢慢下降……

你就这样一动不动地度过了整个冬天。

直到夏日的暖意悄悄抵达地下深处的小窝，你才会慢慢醒过来。你的小心脏怦怦直跳，呼吸的频率也开始变快。渐渐地，你的身体暖和了起来。你要离开你的冬眠小窝，去探索世界啦！当然，最重要的是先吃饭！度过这漫长的冬眠时光，你比原来轻了一半！

你的[illegible]程表

凌晨4点： 你回到巢穴中，准备睡觉。

凌晨5点： 太阳公公起床啦！你在呼呼大睡……

晚上8点： 太阳公公下班啦！你还在呼呼大睡……

晚上10点： 真舒服！你伸了伸懒腰，终于起床啦！你走出巢穴，这儿听听，那儿闻闻，又蹦跶了几下，“咕咕咕——”你的肚子饿了。

你找到了好多好吃的，有李子、散落的樱桃、覆盆子、几片小叶子，还有两只甲壳虫。你时不时地小憩一下，消化一下。

凌晨1点： “铃铃铃——”好大的动静！邻居家的猫在花园里游荡，幸好它戴着铃铛，你离它很远都能听到。不过，万事还是小心为妙！

凌晨4点： 吃饱喝足了，你心满意足地蜷缩在巢穴里。

你的超能力

你的脚底具有黏性，可以帮助你攀爬！

如果敌人抓住了你的尾巴，你可以丢掉你尾巴上的皮毛从而顺利逃走！

原来你是这样的！

体长： 13~20厘米，外加一条11~15厘米长的尾巴。

体重： 70~200克。

寿命： 一般能活5年。

特点： 你看起来像老鼠和松鼠生的混血儿，有灰色的皮毛、长长的尾巴和大大的眼睛。

繁殖： 怀孕期大约为1个月，每胎能产2~6只睡鼠宝宝，刚出生的宝宝全身光溜溜的，没有毛发。

假如你是一只蝙蝠

砖瓦上一条狭窄的小缝通向了你的夏日小屋——屋檐下狭窄的缝隙，白天你就躲在这儿休息。你和小伙伴们紧紧地依偎在一起，这种被紧紧围住的感觉可真好呀，既舒适又温暖。你静静地感受着小伙伴们的一呼一吸。

当然啦，在这间小屋里，争吵也时常发生：年长的蝙蝠推搡着挤进屋内最温暖的地方，被挤出去的蝙蝠大声地表示不满；年轻气盛的蝙蝠向四面八方伸出翼膜，肆意地在其他蝙蝠的脸和耳朵上挥舞，你不喜欢这种行为，于是和其他蝙蝠一起大声抗议。

天黑得很快，你对蚊子和其他小昆虫的捕猎行动也拉开了序幕。

晚间行动日记

日落后10分钟：你从小屋中探出头来，发射定位信号并辨别方向，查看是否有危险。周围一片寂静，警报解除！可以开始捕猎啦！

日落后13分钟：你径直飞到离你最近的路灯旁，捕猎行动开始咯！今晚第一群蚊子已经聚集在一起，你可以一边挥动双翼拦截，一边用嘴直接吃掉它们；也可以用尾巴驱赶它们，方便自己直接吞下它们。你保持离地面2~6米的高度，敏捷地飞行着。

日落后2小时38分钟：滴答、滴答——下雨啦！你飞回了小屋。在雨夜，你宁可饿着肚子，也不愿意变成“落汤鸡”，而且下雨时昆虫们也躲起来了。

日出：雨还在下，你也没有离开小屋。你和伙伴们紧紧地靠在一起休息，希望晚上天气晴朗，捕猎成功，能够吃得饱饱的。

原来你是这样的！

体长：最小的蝙蝠只有3.5~5厘米，拇指般大小。

寿命：大部分为3~5年。

特点：大多拥有棕色或灰色的毛；耳朵呈三角形，有翼膜。

人类的手臂和蝙蝠的“手臂”

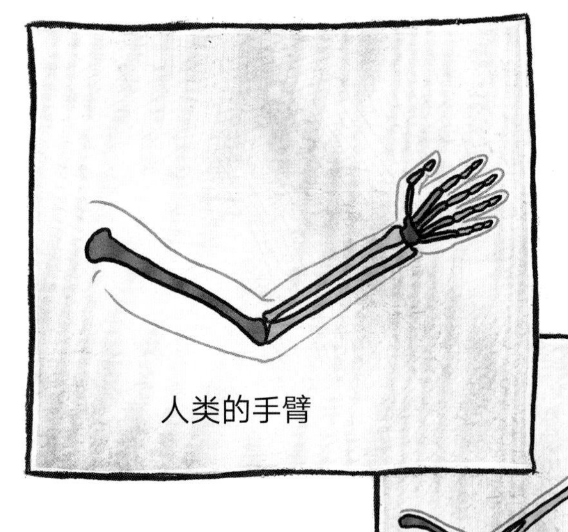

人类的手臂

蝙蝠的“手臂”

你的年度计划

11月~2月： 冬眠，或迁徙到温暖的地方。

3月~4月： 从漫长的冬眠中醒来，或从冬日住所搬到夏日住所。

5月： 勤奋地捕猎。

6月： 蝙蝠宝宝出生啦，一般要喂养6周左右。

7月： 蝙蝠宝宝生长迅速，很快就能飞啦。

8月： 蝙蝠宝宝可以独立生活啦！

9月： 勤奋地狩猎，开始为冬眠（或迁徙）而增重。

10月： 准备冬眠，或搬到你的冬日住所。

你的超能力

1.你张嘴发出高频的声波；

2.这些声波在障碍物和猎物身上反弹；

3.你敏感的耳朵接收到这些反弹回来的声波；

4.你聪明的大脑根据这些反弹的声波拼凑出一个“听觉图像”。

通过这种方法，你不仅可以辨别墙壁、树木和其他大型物体，甚至可以区分小甲壳虫和蚊子。

你还可以感知地球的磁场，利用它来准确导航。

你的住址

夏日炎炎，你更喜欢生活在建筑物的缝隙和壁龛中，这些地方都可以从外面进入。你也喜欢生活在百叶窗的后面、屋顶瓦片的下面，还有空心树和松软的树皮下。

转眼间，冬天来了，这时你会住在建筑物的护墙板后，或者墙和柱子的缝隙中，又或者洞穴里。

蝙蝠宝宝

在蝙蝠宝宝出生前不久，蝙蝠妈妈会倒挂在墙上。蝙蝠宝宝出生时，蝙蝠妈妈会用翼膜接住它们。这些小家伙立刻就可以找妈妈喝奶。

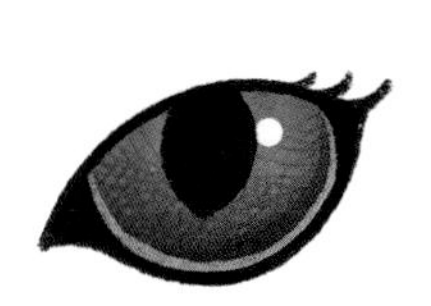

你是这样感知世界的

听觉：听觉就是你的超能力！忘记了的话快往前翻翻吧！

触觉：你的耳朵、鼻子和翼膜都是你灵敏的触觉器官。

嗅觉：你可以通过特殊的气味来识别群体里的每一只蝙蝠。

你的食物

你最喜欢吃昆虫，比如蚊子、飞蛾、甲壳虫等。

捕食顺利的话，每天晚上你最多能吃掉近4000只蚊子！

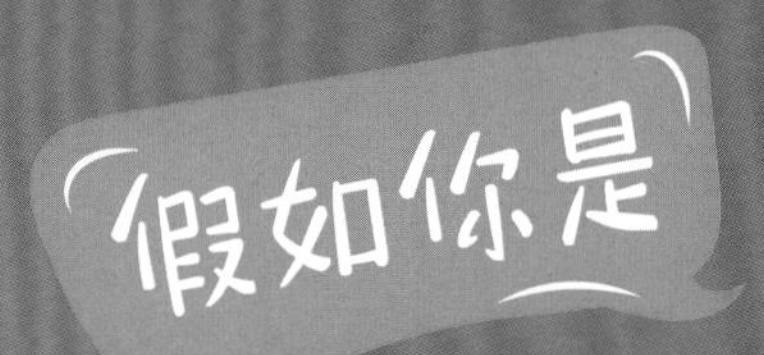

一只喜鹊

你特别聪明，知道小孩子们嬉戏玩耍并不会伤到你，但要小心汽车，因为它们横冲直撞，很容易伤了你。你还清楚地知道所有重要的“食物供应点”。昆虫及它们的幼虫、蜘蛛、蚯蚓和蜗牛都十分合你胃口。

在你和你的家人和睦相处的情况下，你会阻止其他有可能与你争食的动物进入领地，因为你要确保你的家人总能在这里找到足够的食物。你每天都会在树冠的顶端待上几次，这样其他喜鹊远远地看到你的身影便识趣地离开。

虽然你偶尔会偷其他鸟窝里的鸟蛋和小鸟，但是猫、刺猬、松鼠、大斑啄木鸟，还有其他鸟类也会这么做。这事可不能只怪你！

科学家们发现你的住址对于小鸟来说是一个特别温暖舒适的地方。擅长建巢的你真是太聪明啦！

你的超能力

你能够认出镜子里的自己！

你的住址

你一般住在高树上，小窝是用各式各样的树枝搭建起来的。你特别心灵手巧，把小窝建成球形，可以很好地挡风遮雨！

你的叫声

“喳喳——喳喳——”。

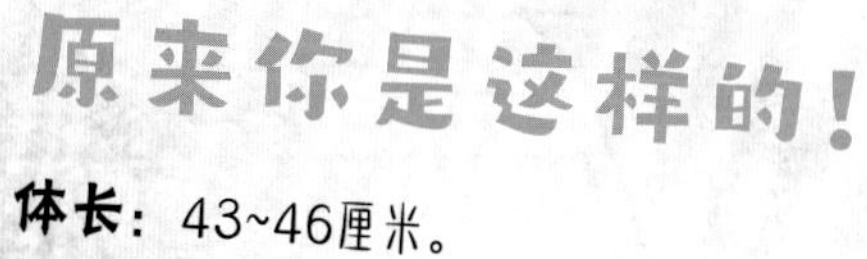

体长：43~46厘米。

体重：200~250克。

寿命：8~10年。

特点：羽毛黑白相间，富有金属光泽；长长的尾巴；十分专情，和伴侣相伴一生一世。

繁殖：每窝产卵5~8枚，经过18天左右孵化后，喜鹊宝宝破壳而出，喜鹊妈妈和爸爸会在窝里继续喂养宝宝1个月左右。

你的食物

你吃的食物种类可多啦！一般来说，你会吃昆虫及它们的幼虫、蜘蛛、蚯蚓、蜗牛、腐肉、堆肥和垃圾中的食物残渣。

春天来了，你还会觊觎其他鸟窝的新鲜鸟蛋和雏鸟。

到了秋天和冬天，你还会吃谷物、种子和水果。

一只乌鸫

你可喜欢花园里矮小的草坪啦！你常常在那儿寻找各种美味的昆虫，还有马陆、蜗牛等小动物。当然，你也会寻找一些植物的果实和种子，你并不挑食。休息的时候，你会飞回高高的树枝上，那里视野很好，也很安全。

你的叫声

"嘶哩嘶哩——"我是一只乌鸫，不是什么椋鸟，也不是山雀。

"笃，笃，笃，笃……"注意，有危险！

"笃笃，笃笃……"警报，警报！

"嘶哩——"（非常尖锐的声音）注意，空中有危险！

"笃笃，笃笃——切喂，切喂——"救命啊！我被吓飞啦！

"笃啾，笃啾——"小心！地面上有危险！

原来你是这样的！

体长：24~29厘米。

体重：80~110克。

寿命：约16年。

特点：黑色的眼睛周围有黄色眼圈，喙也为黄色；雄鸟是黑色的，雌鸟是黑褐色的。

繁殖：每年繁殖2次，每窝产卵2~5枚，经过2个星期左右，乌鸫宝宝破壳而出，乌鸫妈妈和爸爸会在窝里继续喂养宝宝约2个星期。

假如你是一只蓝山雀

你像羽毛一样轻盈，你喜欢在灌木和大树的枝条上东蹦西跳、嬉闹玩耍，甚至倒挂在树上也不是问题！但你这么做可不是贪玩，而是在找生活在树枝上或躲在树皮细缝中的昆虫和蜘蛛。在春天和初夏，你从早到晚都忙于觅食，因为你不仅要养活自己，还要和你的伴侣一起照顾一个大家庭，这个家庭中有10多只嗷嗷待哺的雏鸟！它们乖乖地待在小窝里，这个温馨的小窝是你在巢箱的保护下建造而成的。

幸运的是，花园里总是挂着几个“饲料团子”，你早上可以先在那儿饱餐一顿，再出去为雏鸟寻找昆虫。等到傍晚太阳公公下山，你才能结束这一天的忙碌，终于可以休息了！再过几周，养育期结束，长大了的蓝山雀宝宝就能够自己照顾自己啦！

你的食物

你最喜欢吃蚜虫、毛毛虫、甲虫、蜜蜂、马蜂、苍蝇、蚊子以及其他昆虫。你还喜欢吃山毛榉果实、橡果、板栗等。

你的年度计划

1月~3月： 雄鸟放声高歌，为了争夺繁殖的领地以及寻找配偶。

4月： 在巢箱或树洞中建造一个精致的小窝，然后就是交配和孵蛋的时候啦！

5月： 雌鸟正在辛苦孵化中!

6月： 雏鸟经过爸爸妈妈2周左右的喂养，就可以离开小窝并在小窝周围活动了。它们开始学习独自捕食昆虫，但仍需要爸爸妈妈的喂养。

7月： 小鸟们开始独立生活啦！

8月： 换羽期到了，你所有的羽毛逐渐被新的羽毛取代。在这段时间里，灌木丛是你休息的好地方。

9月~12月： 这段时间里你会和其他蓝山雀组成过冬的小团体，你们竖起羽毛，以保持温暖。这时的你大部分时间都在休息。

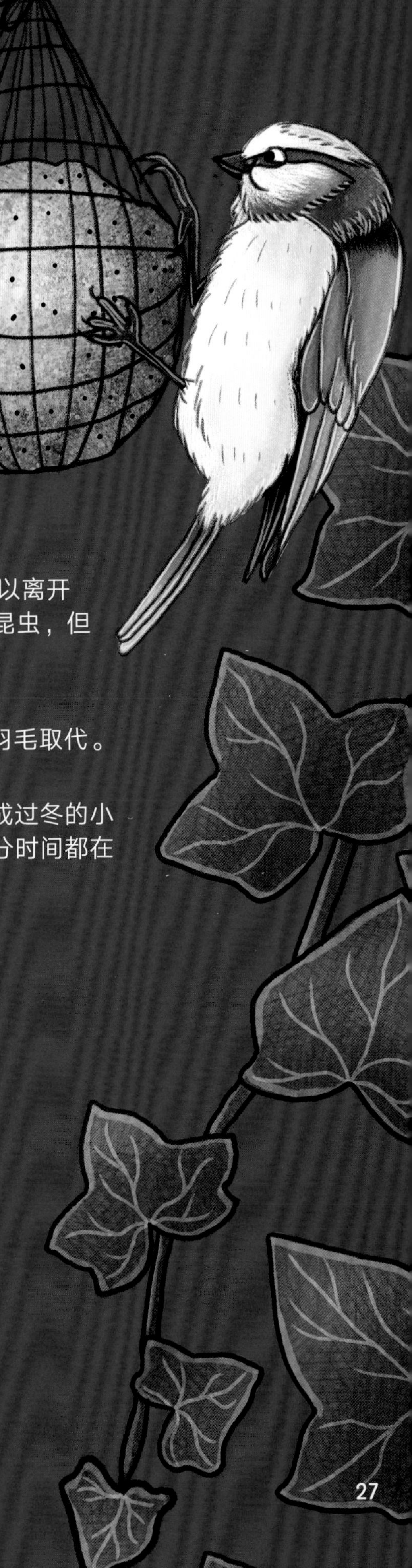

原来你是这样的！

体长： 11~12厘米。

体重： 9~12克。

寿命： 约14年。

特点： 身上为明亮的蓝色与灰绿色，腹部呈黄色，喙非常短，雌性羽毛的颜色更浅一些。

繁殖： 每年繁殖1~2次，每窝产卵6~12枚，孵卵期大约为2个星期。蓝山雀宝宝破壳后，蓝山雀妈妈和爸爸会继续喂养直到它们能独立生活。

假如你是一只壁虎

清晨，当阳光照射在干裂的墙壁上时，你在藏身的石缝中感受到了温暖。拖着僵硬的身体，你溜出夜晚休息的地方，在石头上慵懒地晒太阳。这感觉真是太好了！阳光的温暖慢慢地渗透进你潮湿的身体：你的肌肉逐渐回暖，你的四肢开始变得灵活。很快，你的身体变得暖洋洋，你也从一条“慵懒的龙”变成了一只灵活的爬行动物！

是时候吃早餐啦！你离开了晒太阳的地方，蹿到干裂石墙前盛开的薰衣草旁。在这里，你静静守候着你的猎物——那些粗枝大叶的昆虫。你的警惕性特别高：只要察觉一丝危险，哪怕只是一个落在墙上的影子，你都会瞬间消失在墙上的缝隙中。

你的超能力

假如你受到了威胁，你会自断尾巴，而断掉的尾巴会抽搐一段时间，分散敌人的注意力。趁这个机会，你就会迅速逃离危险地带。不用担心，你的尾巴会重新长出来！

你的食物

你最喜欢吃苍蝇、飞蛾、蝗虫和其他昆虫，还有蜘蛛等。

原来你是这样的！

体长：约12厘米。

体重：可至40克。

寿命：一般5~7年，最多可达10年。

特点：细长的爬行动物，头部十分强壮，腿短；同物种雄性的头比雌性的稍大一些。

繁殖：5、6月是交配期，每年繁殖1~2次，每窝产卵2枚，这些卵产在向阳且不易被发现的地方，借阳光热度孵化，孵化期约1个多月。

蜜蜂舞
花蜜朝向太阳生长，所以太阳的方向就是你跳舞的方向！

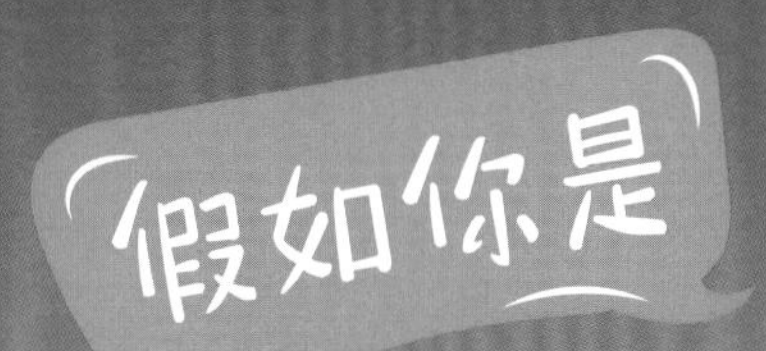

一只蜜蜂

今天对你来说是个重要的日子！因为你已经3周大了，可以和采集蜂一起离开蜂巢啦！这可是你第一次离开自己的家！你的目标是大油菜花田！那儿有特别多的花粉和花蜜。但你怎么知道它在哪儿呢？别担心，采集蜂会通过摆尾舞向其他小伙伴传递准确的位置信息，包括花田所在的方向和距离。

现在你已经到了蜂巢的出口，环顾四周，看了看太阳，马上就知道了你该往哪个方向飞行。飞呀飞呀，你终于找到了油菜花田。哇！好多花呀！你开始采蜜工作啦！第一朵、第二朵、第三朵……你的蜜胃都被填满啦！得回去一趟了！你看看太阳就能确定方位，顺利地回到了蜂巢。把花蜜和花粉交给蜂巢里的蜜蜂后，你就会飞回花丛中开始进行下一轮的花蜜采集工作啦！

今日成绩：

一共采了1732朵花，作为第一天上岗的工蜂，这个成绩已经很不错啦！

最高纪录：

最多一天能采3000朵花呢！

作为工蜂，以下就是你需要完成的任务！

第0天： 出生。

第1~3天： 作为清洁蜂，你得把蜂巢打扫干净，为新的蜂蛹做准备。

第4~12天： 作为抚育蜂，你负责为大幼虫提供蜂蜜和花粉的混合物，为小幼虫提供自产的蜂王浆。你还需要照顾蜂王。

第13~17天： 作为内勤蜂或者筑巢蜂，你负责利用花蜜生产出蜂蜜并将花粉和蜂蜜储存起来。同时，你还会用自产的蜂蜡来建造蜂房。

第18~20天： 作为守卫蜂，你可得看好蜂巢的入口！

第21~35天： 作为采集蜂，你的任务就是——飞吧！去采集花粉吧！

第33~35天： 作为侦察蜂，你得飞往未知的地方寻找新的花蜜和花粉来源，再告诉采集蜂具体的位置——这是你做过最危险的一份工作了。

蜜蜂王国——你就是芸芸众生中的一员！

工蜂

体长： 1.2厘米。

体重： 约0.1克。

寿命： 7个星期，气温低时可达5个月。

特点： 蜂巢中最多可以有50000多只工蜂；一般外界温度高于10℃时才会外出。

飞行速度： 满载时可达每小时20千米。

蜂王

体长： 2厘米左右。

体重： 0.25克。

寿命： 3~5年。

特点： 夏季每天产卵1500~2000粒，受精了的卵长成工蜂，其中在王台的幼虫被喂以特殊的食物发育成蜂王，未受精的卵则成为雄蜂。

雄蜂

体长： 1.7厘米。

体重： 0.22克。

寿命： 3~4个月。

特点： 雄性，拥有发达的复眼，没有螫针。在4月~9月间，与蜂巢的年轻蜂王进行交配。

你的超能力

视觉：你的两只大眼睛分别由约5000只独立的小眼组成。每只小眼向大脑提供一个点状图像，大脑会将各个图像合并成一个完整的画面。

你看不见红光，但你可以看到紫外线——这可是人类看不到的哦！你还可以分辨花朵上的特殊图案。这些小技能可以帮助你找到喜欢的花蜜和花粉。

你拥有一个近乎360°的视野。

嗅觉：你的触角可以感知微弱的气味。你可以通过追踪气味找到花蜜。

味觉：你腿上的味觉器官能感知侦察蜂带来的花蜜样品的味道。通过试吃，你能够精准判断哪个更适合作为食物。

对温度的感知：你的触角能探测到0.1℃的温差，因此你能准确地感觉到哪里更冷或者哪里更热。

蜂蜜的制造

1. 采集蜂在花朵上将花蜜吸进它的蜜胃中。

2. 在蜜胃中，酶与花蜜混合在一起。

3. 混合物被转移给内勤蜂，在它们的蜜胃里，花蜜慢慢地变成了蜂蜜。

4. 内勤蜂将液态的蜂蜜装入巢房中。

5. 内勤蜂在打开的巢房上扇动翅膀，这样一来，蜂蜜中的水分就会逐渐蒸发。

6. 当蜂蜜的含水量低于18%时，内勤蜂就会给巢房封上一个盖子。

一个蜂群每年生产约300千克的蜂蜜，养蜂人可以从中收获大约30千克蜂蜜。

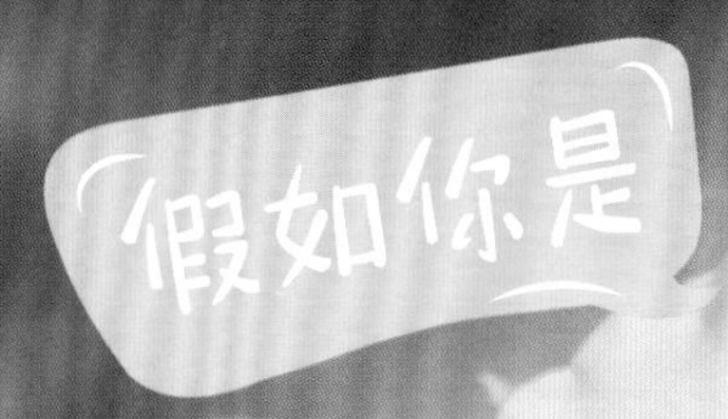

假如你是 一只野蜂

你在小小的蜂蛹中度过了整个冬天。现在春暖花开，万物复苏，春日的暖意慢慢地涌入你的身体，唤醒了你。你咬破坚硬的蜂蛹，然后咬破封住蜂房出口的小土墙，又朝前爬了几厘米，终于看到了外面的世界！阳光明媚，微风拂煦，芳香的花蜜在诱惑着你。你张开翅膀，快速振动，测试完毕！一切正常！于是，你开始了一生中重要的工作——采集大量的花粉和花蜜，顺便为花朵授粉！

原来你是这样的！

红梅森蜂

体长：0.8~1.2厘米。

体重：0.5克。

寿命：可达3个月。

特点：深棕色，腹部有密集的黄色绒毛；雄性体形稍小，前额有浅色的毛，触角细长，雌性头上有两个短角。

巢房中的繁殖：2毫米的卵在蜂巢存放10天后孵化为幼虫，幼虫吃3~5周的花粉和花蜜后慢慢长大，接着它会结茧化蛹。到了9月初，幼虫发育为成蜂以后就会在蜂巢中休息过冬。

红褐森蜂的工作计划

3月： 你破蛹而出后，繁殖的季节就到来啦！你需要找到新的筑巢地点。

4月~7月： 首先，你得清除洞穴里繁殖过程中留下的土壤和花粉。接着，你在洞穴的末端用湿润的土壤建造一面2毫米厚的墙。在这面墙前约1.5厘米处，你再用湿润的土壤建造一个小门槛，它就是未来新巢房前墙的一部分。然后，你去采集大量花蜜和花粉。在进行了15轮采集后，花蜜和花粉装满了半个巢房，你可以在花粉上产卵啦！最后，你用湿润的土壤封好前墙。如果要筑造新的巢房，那么以上这些工作都得重新来一遍！

你的住址

哪儿有条件筑造蜂巢，你就在哪儿生活。直径为6~9毫米的水平管状洞穴就很适合建造你的小巢，比如石块的裂缝、空心的树枝、芦苇和竹子的茎秆等。

你的小巢一般位于花园、茅草屋、森林边缘、田野或沙砾坑中。

你的花粉采集工具

你的腹部有很多绒毛，它们就像一把刷子，可以携带很多花粉。回到蜂巢后，你就用三对足把绒毛上的花粉清下来。

生性温和的你

人们可以直接在你身边，甚至是在蜂巢旁观察你，因为作为一只性情温和的野蜂，你一般不会主动攻击他们。

假如你是一只胡蜂

你可不是一只平平无奇的小胡蜂，你是后蜂！你是蜂群中唯一一只成功越冬的胡蜂。现在已经是4月了，春天的暖意慢慢渗透你的藏身之处——地面的缝隙。它把你从漫长的冬眠中唤醒。在接下来的2~3周里，你把自己喂得饱饱的。作为后蜂，只有把自己喂饱，你才有力气去建立一个新的胡蜂群。你要寻找一个隐蔽的地方，这样的地方作为巢穴再合适不过了！

收集腐烂的木头纤维，通过咀嚼将它们与你的唾液混合，用混合物建立第一个“育儿室”，在每个“育儿室”中产下一枚卵——这些工作都需要你独自完成。当幼虫孵化后，你会去捕捉苍蝇，用苍蝇的肉来喂养这些幼虫。如此忙碌几周后，一群工蜂被孵化出来了，它们接管了所有工作。你待在越建越大的蜂巢里，全身心地投入产卵工作，而这项工作会一直持续到秋天。

胡蜂王国的年度计划

春天： 后蜂建立了一个新的胡蜂群。

夏天： 勤劳的工蜂负责收集建巢材料，建造新的巢室，扩大蜂巢并保卫蜂巢。它们还会为幼虫捕捉食物。

晚夏： 现在的胡蜂王国有大约7000只工蜂。后蜂产下未受精卵，这些未受精卵发育成雄蜂；受精卵则发育成工蜂以及新的后蜂。

秋天： 年轻的后蜂们到处寻找能够顺利度过寒冬的藏身之处。这个时候的后蜂几乎不再产卵，工蜂也逐渐死去，蜂巢变得空荡荡。

冬天： 只有年轻的后蜂才能够撑过这个冬天，重新看见明媚的春天。而冬日里的漫天风雪摧毁了蜂巢。

原来你是这样的！

工蜂

体长： 1.1~1.4厘米（后蜂可达1.9厘米，雄蜂可达1.7厘米）。

体重： 0.9克。

寿命： 2个月（后蜂可达1年）。

特点： 拥有黄黑相间的警戒色。

使用口器筑巢。

后蜂一开始会独自建造10~20个放置蜂蛹的巢室。

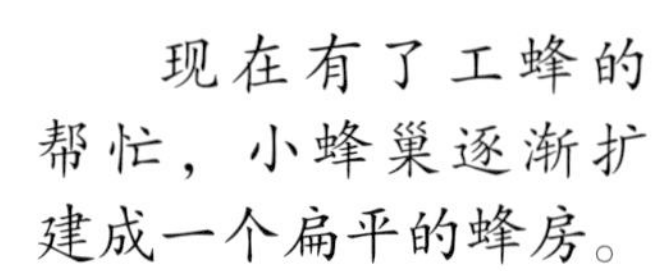

现在有了工蜂的帮忙，小蜂巢逐渐扩建成一个扁平的蜂房。

你的住址

废弃的老鼠洞和鼹鼠洞、百叶箱、阁楼、茂密的灌木丛中的暗洞等都是合适的筑巢地点。

蜂巢由自制的木浆建造，木浆主要由腐烂的木头纤维和你的唾液混合而成。

你的武器

后蜂和工蜂都有螯针，它们可以刺伤动物，同时分泌毒液，注入被刺动物体内。有了它，你可以：

· 让苍蝇和其他昆虫丧失行动能力，甚至可以将它们杀死，把它们作为幼虫的食物。

· 用它来击退敌人。

· 保护蜂巢和幼虫。

小心啦！胡蜂的螯针可以重复使用！

你的食物

幼虫正处在长身体的阶段，需要富含蛋白质的食物，比如昆虫及其幼虫、蜘蛛等。

成年胡蜂则需要甜食为自己提供能量，比如花蜜、果汁、面包店里甜点上的糖霜等。

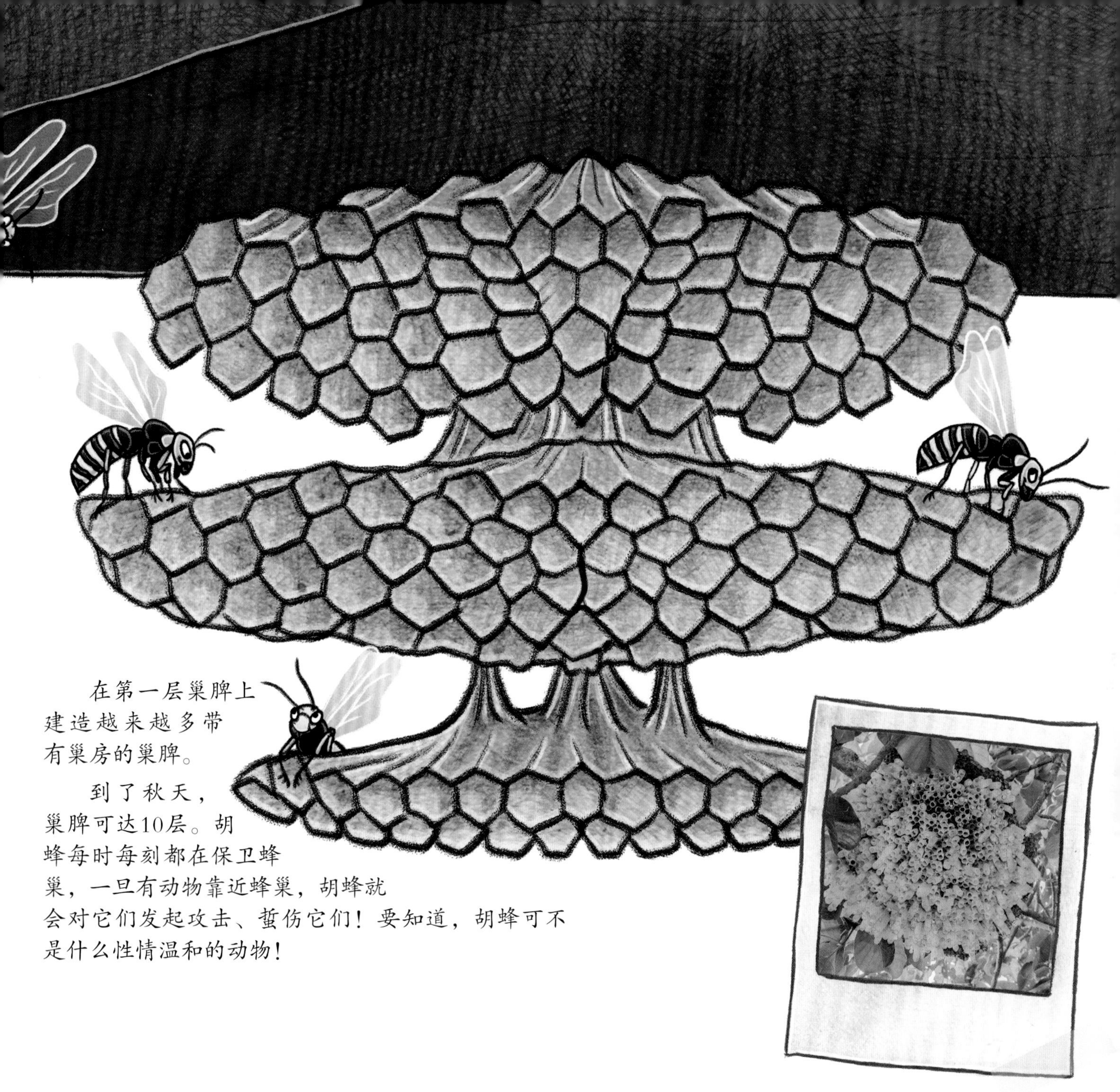

在第一层巢脾上建造越来越多带有巢房的巢脾。

到了秋天，巢脾可达10层。胡蜂每时每刻都在保卫蜂巢，一旦有动物靠近蜂巢，胡蜂就会对它们发起攻击、蜇伤它们！要知道，胡蜂可不是什么性情温和的动物！

你在大自然中的重要作用

你通过捕食许多食草昆虫和昆虫的幼虫（如毛虫）来保护植物。

你回收利用自然界的腐烂木材，这能够加快旧木材回归自然循环的过程。

你还是其他小动物的美食，多亏了你，它们才可以活下去。

一只孔雀蛱蝶

这是一个暖洋洋的夏日。花园内充满了大叶醉鱼草散发出的浓烈花蜜香味。你抗拒不了美食的诱惑，朝那儿飞去。你飞过蓝色的鼠尾草花、粉红色的凤仙花和红色的三叶草花……终于，你抵达了大叶醉鱼草丛，其他蝴蝶伙伴们都已经到啦！有赤蛱蝶、白钩蛱蝶……它们都是被甜甜的花蜜吸引来的！

在吸食花蜜时，你会把你的翅膀张开，这样可以很好地保护你，因为你翅膀正面像大眼睛一样的图案会使鸟类和其他捕食者望而却步。吃饱啦！带着满肚子的花蜜，你飞回灌木丛。你收起了翅膀——你的翅膀背面有不起眼的棕色图案，这样你就不那么引人注目了，可以安全地睡个美美的觉！

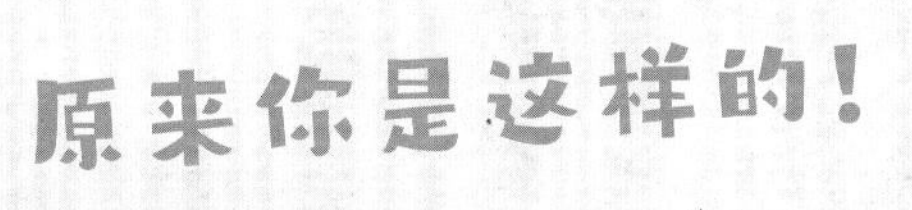

体长： 2~3厘米，幼虫可达4厘米。

翼展： 5~5.5厘米。

体重： 0.5克。

寿命： 长达6个月。

特点： 翅膀上有像大眼睛的图案；幼虫黑色带刺且有白点，一般只生活在荨麻上；是欧洲常见的一种蝴蝶。

繁殖： 每年繁殖2次，每次产卵50~200枚，2~3周后孵化为幼虫，幼虫成长3~4周后化蛹成蝶。

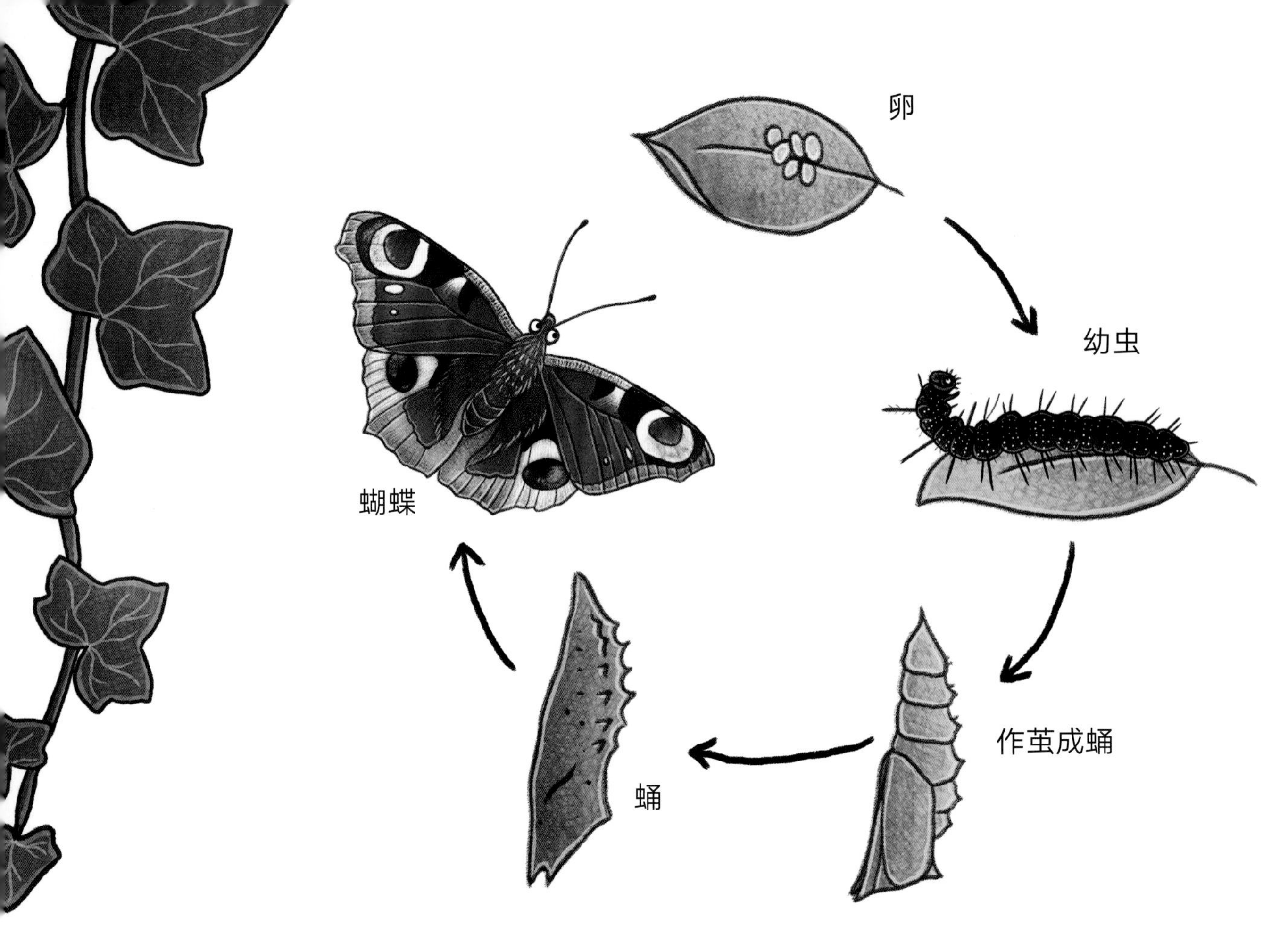

你的童年

5月中旬： 你的妈妈在荨麻叶子下面产下一堆密集的卵。

6月初： 你和你的兄弟姐妹们破卵而出啦！你真是一只“小馋虫”，立马就开吃了。一个星期后，你长大了一些，第一次蜕了皮。

6月中旬： 你又长大了不少，你的皮肤又变得太紧了。你没有食欲，萎靡不振，一直懒洋洋的，直到旧的皮被撑开，你蜕皮了。这样的情况又发生了两次，直到……

6月底： 直到你不再长大了。你在荨麻中找了一个隐蔽的地方来化蛹。

7月初： 在蛹壳内，你会将你幼虫的身体完全溶解掉，慢慢地形成孔雀蛱蝶的身体器官。

10天后： 重要的时刻来啦——一只美丽的孔雀蛱蝶破蛹而出！只有空荡荡的蛹壳留在原地。

你的工具

你长长的虹吸式口器是可活动的，伸长的时候可以伸入花朵深处，找到蜜腺，以吸食花蜜，当你不用它的时候，你可以直接把它卷起来。

你的住址

幼虫：哪儿生长着荨麻叶，哪儿就是你的家。

成虫：哪儿有富含花蜜的花，哪儿就是你的家。

你的食物

你还是幼虫的时候，只喜欢吃荨麻叶。你并不害怕荨麻的蜇毛。

你变为成虫以后，只喜欢花蜜，最好是田间蓟草的花蜜，它的香味特别吸引你。

你的防御策略

你还是幼虫的时候，身上有坚硬的刺来保护自己。

你变为成虫以后，你的翅膀背面有像树皮一样的花纹，它是你躲在植物丛中的最佳伪装。你的翅膀正面有一个大眼睛一般的图案，这个图案作用可不小！鸟儿和蜥蜴会以为这是大型动物的眼睛，只好悻悻地走掉。

假如你是一只七星瓢虫

你是玫瑰花、金莲花和许多其他植物的好朋友，因为你帮它们摆脱了讨厌的敌人：蚜虫！你目标明确，在蚜虫的地盘上着陆，接着用你强有力的口器在蚜虫的硬壳上猛咬一口，咬出一个小洞，再吃掉里面的身体。你乐此不疲，抓完一只再抓一只……

突然，你停了下来——一个影子落在你身上，你立即收拢六条腿。在大山雀用喙啄你之前，你从足关节处排出了极难闻的黄色液体。天啊！太恶心啦！大山雀转身就飞走了。你真是个幸运儿！

不仅是难闻的黄色液体，你身上红黑相间的艳丽颜色也在时时刻刻警告着鸟类或其他小动物：小心行动！我可不好惹！

你继续从容不迫地进行你最爱的活动——吃蚜虫。

原来你是这样的！

体长：0.5~0.8厘米。

体重：0.3克。

寿命：最长可达2年。

特点：半球形的身体，头部小而黑；红色的鞘翅上有7个黑色斑点。

幼虫：灰黑色环状躯体，身上有橙色斑点和黑刺，有6条腿。

繁殖：每次产卵多达800个，卵呈亮黄色；3~6周幼虫期后，化蛹为成虫。

你的住址

有蚜虫的地方就有你的身影——花园、公园、森林、草地和田野都是你的住址。

你的食物

一只幼虫累计可以吃600多只蚜虫，而一只成年瓢虫每天最多可以吃150只蚜虫。

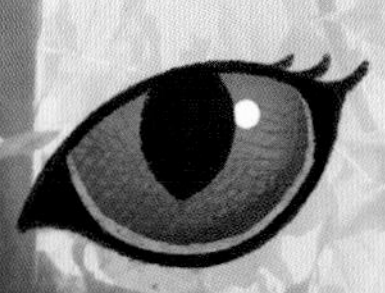

你是这样感知世界的

视觉：你的每只眼睛都由许多单独的小眼组成，你的视力不是很好，看得不是很清楚。

嗅觉：你可以用下颚须（有很多嗅觉感受器）闻到很多气味。

听觉：可惜你听不见声音！

假如你是一只蚜虫

你没有牙齿、舌头，也没有喙，但你有一个长长的刺吸式口器。它的本领可大了！它像吸管一样深深地插进植物的茎中，助你吸食甜美的植物汁液。你不知疲倦地喝呀喝呀……实际上你并不喜欢植物汁液中的大量糖分，你真正喜欢的是汁液中的蛋白质！但植物汁液中的蛋白质含量并不高，你不得不吸食很多汁液，这样你才能获得足够的蛋白质。但与此同时，你又不想吃那么多糖，这可怎么办呢？聪明的你早就有了应对：在吸食植物汁液的同时，你还会不断分泌出含有糖分的黏稠液体。蚂蚁特别喜欢这种糖，它们常常来找你，喝下这些含有糖分的黏稠液体。人们称这些液体为蜜露。有了骁勇善战的蚂蚁们，你就安全啦！因为它们可以保护你不被瓢虫捕食。瓢虫可是你的天敌！它时时刻刻都想取你性命！当瓢虫出现时，蚂蚁们就会用具有腐蚀性的蚁酸对瓢虫发起攻击，而你在一边继续津津有味地吸食植物汁液。

原来你是这样的！

体长：0.1~0.2厘米。

体重：0.01克。

寿命：长达6周。

特征：雌性蚜虫有的有翅膀，有的没有翅膀；雄性蚜虫有翅膀。

繁殖：卵孵化成幼虫，幼虫发育成蚜虫。非常特别的是，刚生下来的雌性小蚜虫只要5天左右就可以加入繁殖了！

你的年度计划

秋天，有翅膀的雄性蚜虫与雌性蚜虫交配产卵。

冬天，虫卵可以抵御严寒霜冻。

春天，雌虫从卵中孵化出来，这些刚生下来的幼虫可以迅速繁殖，建立大群落。

夏天，通过不断繁殖，蚜虫家庭变得越来越大。

你的超能力

如果瓢虫或者其他敌人攻击你，你就会立即释放出警告的气味。你的小伙伴们一闻到这个味道，就会变得惴惴不安，有翅的蚜虫会立即飞往新的植物。

你还会分泌蜜露，这些蜜露是蚂蚁和其他昆虫的重要食物来源。

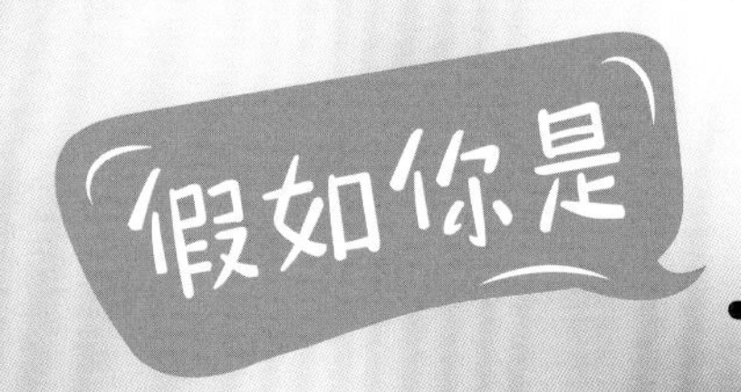

一条蚯蚓

周围是潮湿的土壤，一片漆黑。你缓慢地向前爬行，慢悠悠地吃着土壤，粪便向后排出。

周围是潮湿的土壤，一片漆黑。你缓慢地向前爬行，泥土的香味扑鼻而来。

周围是潮湿的土壤，一片漆黑。你缓慢地向前爬行，慢悠悠地吃着土壤，越爬越高。

周围稍微亮了一些。树叶的香味迎面而来，你感觉到上方有阵阵微风。

底下是土壤，上面是空气。你还得再往上爬一些。越往上爬，树叶的香味越浓郁。你抓紧时间打包树叶，慢慢地爬回去。你再次被潮湿的土壤包裹，回到了黑暗之中。在一片漆黑的土壤中，你不紧不慢地品尝着叶子。

原来你是这样的！

体长： 最长可达30厘米。

体重： 可达10克。

寿命： 有的个体长达10年。

特点： 长长的蠕虫，身体分节，数十节乃至数百节不等；雌雄同体，也就是你既是雌性，也是雄性。

你是这样感知世界的

你可以通过皮肤中的感光细胞来判断周围环境是明是暗，你并不能真正看清周围的环境。

你可以闻到不同的气味。当你闻到刺鼻的气味时，你就会迅速逃跑！但你什么都听不见哦！

你皮肤的触觉细胞非常敏感，能感知身边土壤的每一个变化。

你的超能力

你可以用皮肤来呼吸!

你会通过收缩肌肉来爬行，腹部一侧的刚毛给你提供蠕动时所需要的支撑。

你可以在2米深的地下挖出20米长的隧道！冬天一到，你就躲在地下一动不动地休息。

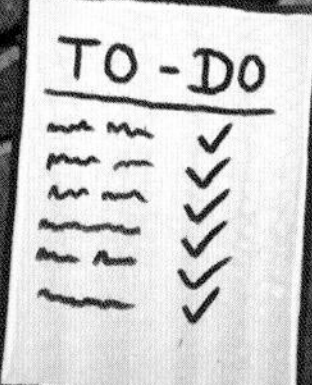

你在大自然中的重要作用

你能够分解枯叶，让它们回到大自然的循环中。

你丰富了土壤中的腐殖质，让土壤变得肥沃。

对许多动物来说，你是重要的蛋白质来源。

你的食物

你最喜欢的食物是土壤中腐烂的生物体。

注意，有危险！

哗啦啦的雨水淹没了你挖的地下通道，你不得不逃到地表，但晴朗白天的紫外线会灼伤你——快快回到地下吧！

假如你是

一条蛞蝓

当夏季气温升高，空气逐渐变得干燥时，你会蜷缩在阴暗、潮湿的地方——地面的缝隙深处、潮湿的木板或凉爽的石头堆下。你一点儿都不喜欢晴天，昏暗的阴雨天才是你的最爱。

你慢吞吞地离开你的藏身之处，用你腹面的爬行足悠哉游哉地爬着。哎呀！你爬行留下的黏液暴露了你的行踪！不过你一点儿都不介意，因为你知道许多动物都不喜欢吃你。

你有大把大把的时间，除了饥饿，没有什么事情能够催促你。只要你闻到多汁植物或者蜗牛尸体的香味，你就会坚定地朝它爬去。你看不太清楚，只能慢悠悠地摸索，不断地靠近美味的食物。当你终于找到美味的叶子时，你就会一点儿一点儿地咀嚼这多汁的绿色美食。好吃极了！

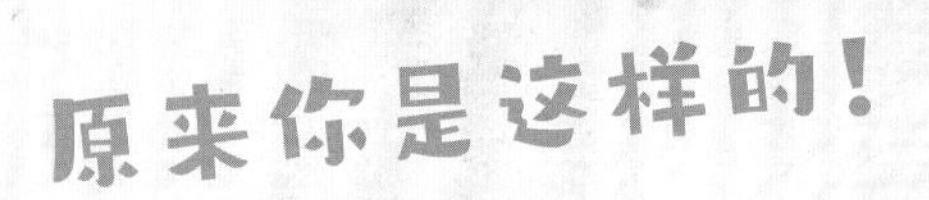

体长： 最长可达6厘米。

寿命： 通常大约1年，有些长达3年。

特点： 成虫有深褐色、灰色、灰红色或黄白色，幼体背部有淡褐色的纵向条纹；雌雄同体，也就是说同时是雄性和雌性。

繁殖： 平均每个雌性一生产卵近400枚。

你的年度计划

冬天，你会找一个藏身之处，躲在那儿一动不动地休息。

春天，你会大吃特吃，接着找一条同种的蛞蝓交配。之后，你就会躲在土壤中产卵。

夏天，你会在干燥炎热的天气里养精蓄锐。

秋天，天气逐渐转凉，你继续大吃特吃，并且准备找个地方躲起来过冬啦！

你是这样感知世界的

视觉：你会用你的小眼睛看这个世界，但只有在光线微弱的情况下你才能看得远些。

嗅觉：你的嗅觉比较灵敏，借助头上的小触角，你能闻到更远的地方传来的气味。

触觉：你的触觉非常出色！触角和皮肤就是你的触觉器官。

你利用你的嗅觉器官和触觉器官来辨别物体的形状和质地，判断物体的化学成分。

你的皮肤中还有许多感觉细胞，它们能够感知温度和空气湿度。

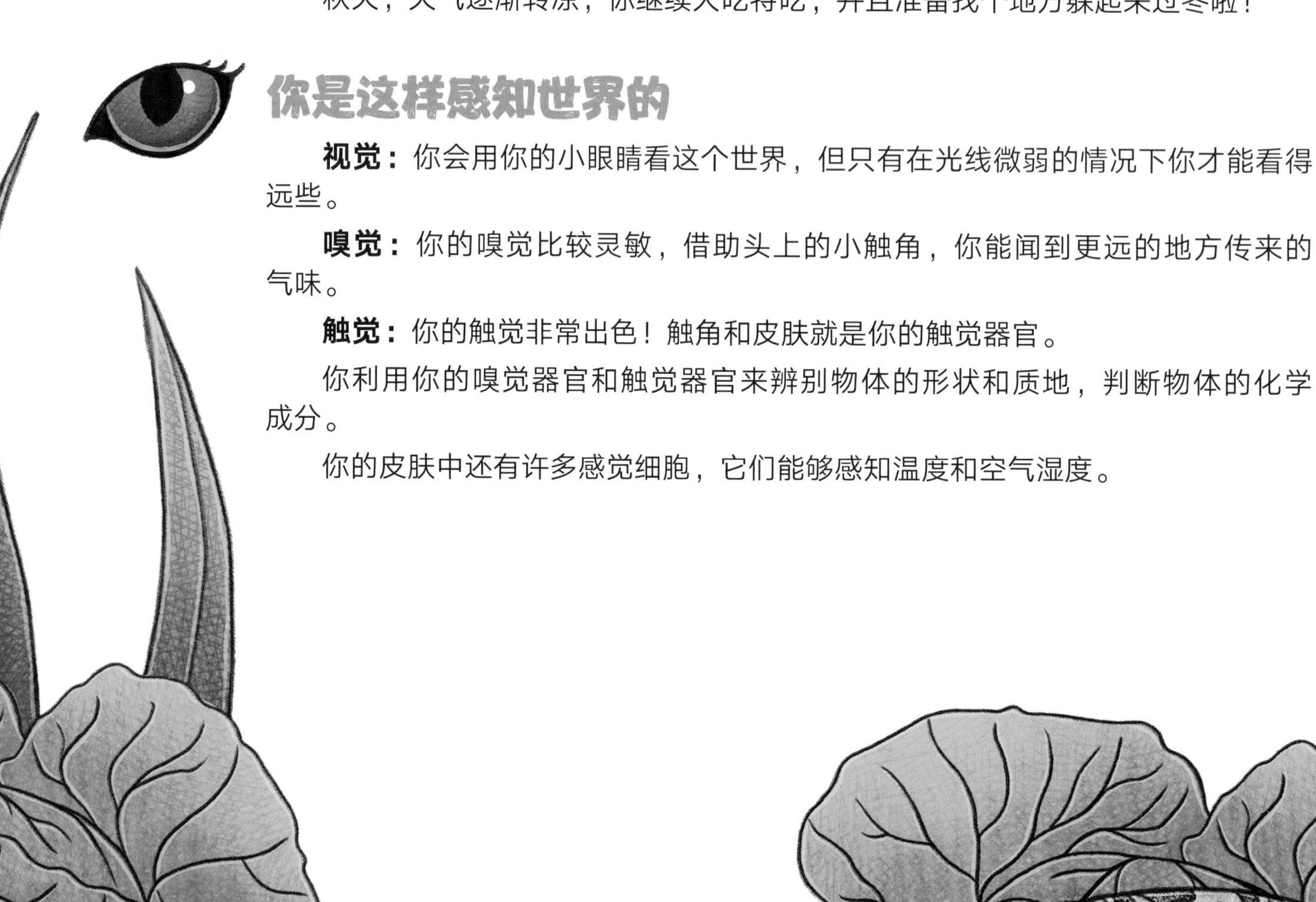

你的家人

对于从卵中孵化出来的蛞蝓宝宝来说，成年蛞蝓既是爸爸又是妈妈。从卵中孵化出的约1厘米长的小蛞蝓们，看起来就像是蛞蝓爸爸妈妈的迷你版。

你的食物

你喜欢吃生菜和其他多汁的叶子，还喜欢吃死去的蛞蝓或蜗牛的尸体。

你吃饭时用的工具

你的嘴里有一条宽宽的带子，它就像一个肉豆蔻刨丝器，包含许多锋利的小牙齿——齿舌，你用它来磨碎食物。

你的超能力

当你遇到危险时，你会分泌出一种极其恶心的黏液。

你的朋友

你并没有什么真正的朋友，你是一个独行侠。

假如你是一只十字园蛛

你从容地坐在蜘蛛丝网中间，这张蜘蛛网可是你用最坚韧的蜘蛛丝织成的。夜幕降临，你不用再害怕鸟儿来吃你，因为它们都在睡觉。但为了安全起见，你还是保持警惕，即使出现一点点危险的苗头，你都可以利用蜘蛛丝往下滑。

周围仍是漆黑一片，只有轻柔的微风拂过。你在花园的灌木丛间织了一张蜘蛛网，那些白天自由飞翔的蜜蜂、蝴蝶、甲虫、苍蝇，还有夜晚出动的飞蛾和蚊子就等着落入你这个陷阱吧！你的八只脚踩在蜘蛛网的丝上，静静地感受着每一个轻微的振动，耐心地等待猎物落入陷阱。

来了来了！蜘蛛网不停地振动，猎物上钩了！飞蛾落入了你的网中，被黏性极强的丝线缠住，它不停地挣扎，猛烈地扇动着翅膀，却被黏得越来越紧。你迅速冲过去，将毒液注入它的身体，毒液发挥作用……

原来你是这样的！
体长（不含腿）：雌性1.2~1.8厘米，雄性0.5~1厘米。
体重：一般不到1克。
寿命：1~2年。
特点：腹部为黄褐色，正中有白色斑块呈十字花纹状排列。
繁殖：在9月或10月，每个雌性一生可以产下多达200枚卵。幼蛛于春天孵化，夏天就可以织下小网捕捉猎物了。

你的日程表

天亮时，你就躲在你的藏身处休息，但与此同时，你会用一根信号丝与蜘蛛网连在一起，暗中观察事态。如果猎物落入你的陷阱，你就会飞奔过去，用带有毒液的螯牙叮咬它，让它不能动弹，接着用蜘蛛丝把它像木乃伊一样包起来，最后把它挂在网旁边一个有遮挡的地方储存起来。

天黑了，你爬到了网的中央，在那里等待猎物。

你是这样进食的

你没有牙齿，没有剪刀，也没有喙，但你有个极小的口腔——这是你只能摄入液体的原因。你是这样进食的：

1.用头部的螯牙将毒液注入猎物的身体。

2.毒会溶解猎物的组织，把它变成液体，但这需要一定的时间哦！

3.现在你可以直接吸食你的猎物啦！

你的超能力

蛛丝由长链蛋白质组成，头发丝比蛛丝粗100倍，但蛛丝的抗撕裂能力比同样粗细的钢线强5倍，特别有弹性，还可以重复利用！

你的蛛丝有不同的种类：有不黏的蛛丝，也有专门织网的黏丝；宽带状的蛛丝用于把猎物包裹起来，而细小、像羊毛一样柔软的蛛丝则是用于保护蜘蛛卵的。

你是这样织网的

1.你跑到一根枝条的末端，把你的小屁股伸到空中，吐出一条长长的蛛丝，把它挂在树枝上。

2.你用同样的方法做出了整个网的外围框架，把网固定在灌木丛之间。

3.从网的中间
八方延伸，铺设更
蛛丝形成的图形就

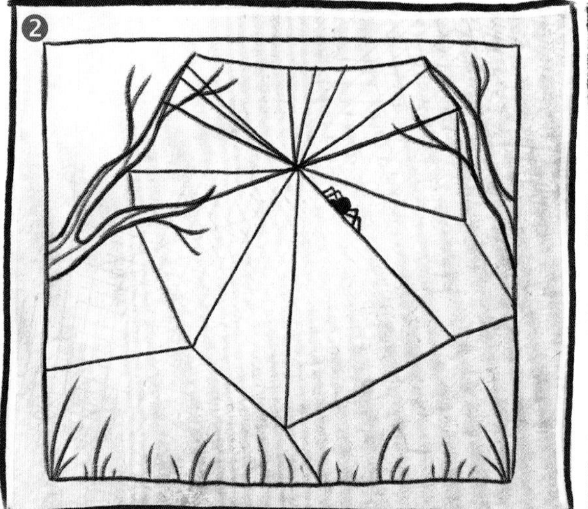

你的食物

你喜欢吃所有飞虫。

你是这样感知世界的

你有八只眼睛，你可以看见物体移动，可以分辨光明和黑暗，但你看不见颜色。

你的体表有很多触毛，借助这些触毛，你可以感知周围的环境，并判断同类和猎物的存在。

你还能轻松感知蛛丝的细微振动。

哇！你的超级记录

在温暖、阳光明媚的九月里，幼蛛会爬到高高的地方，吐出一条长长的蛛丝，借助这条蛛丝起飞。这样幼蛛可以随风飞向一个未知的地方——有些落在了邻居的花园里，有些落在了邻镇……

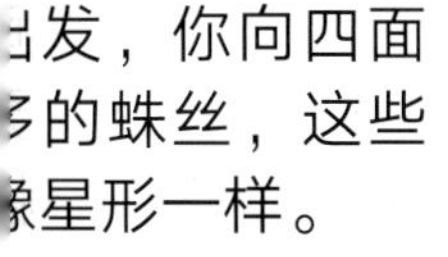

出发，你向四面的蛛丝，这些像星形一样。

4.你在网的中心固定一条螺旋形的、没有黏性的蛛丝。

5.你从网的中心出发，由网心一圈一圈向外，编织紧密的、螺旋形的、具有黏性的蛛丝。

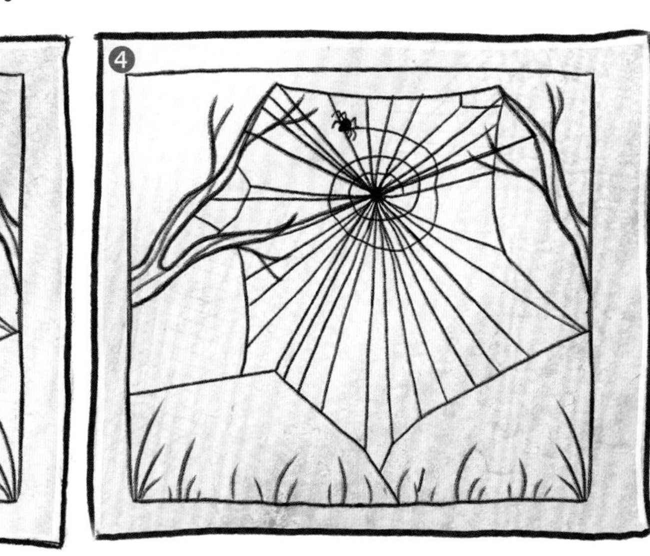

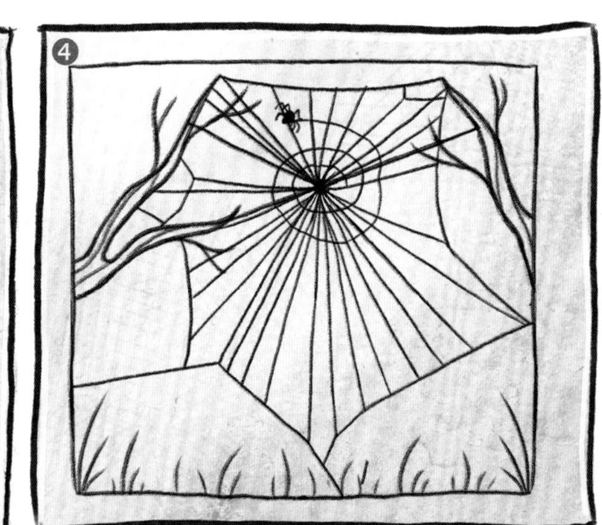

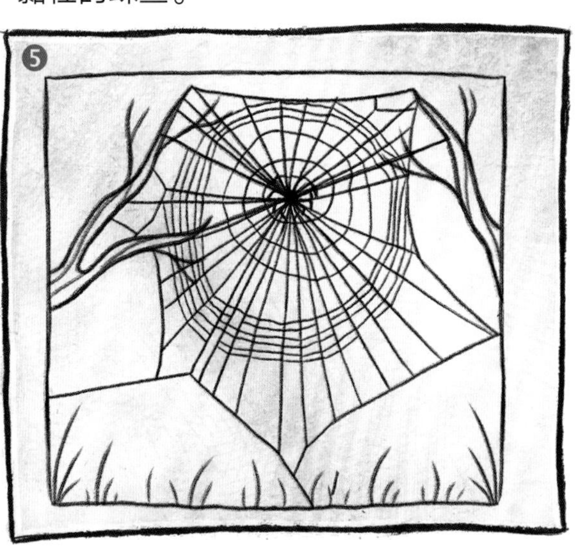

一只春日花园里的鸟儿

日出前一小时，知更鸟已经醒来了。它离开晚上休息的地方——茂密灌木丛，飞向栓皮槭顶端的枝头。花园里仍一片寂静，因为知更鸟是清晨最早起床的鸟。它朝天空伸了伸懒腰，露出了它那橙色的胸脯，放声高歌。本来还在沉睡的乌鸫被歌声吸引。鹪鹩也醒了，加入了“鸟儿合唱团”，这只鸟儿的歌声在木栅栏板之间显得异常响亮。

天亮了，大山雀和苍头燕雀不想因为睡过头而错过这次合唱，它们也开始放声高歌。只有麻雀是贪睡鬼，当太阳高高挂在天空上时，它们才慢悠悠地在女贞丛里活动起来。

黄蜂和蜜蜂也很贪睡，它们会等到气温回升后才出来活动。知更鸟的早餐时间到啦！它离开树梢，开始捡拾爬在树叶上、藏在树叶下的小昆虫和蜘蛛。

我能唱出高亢的、清脆悦耳的音符和颤音 —— 有时我甚至能唱出金属般的音色!
我能唱出优美的旋律。我更喜欢和另一只雄性乌鸫唱二重唱。
啾啾 ——
啾啾 ——